COMMISSION MÉTÉOROLOGIQUE

DE LA HAUTE-VIENNE

ESSAI

SUR LA

CLIMATOLOGIE

DU LIMOUSIN

PAR

PAUL GARRIGOU-LAGRANGE

SECRÉTAIRE GÉNÉRAL DE LA COMMISSION MÉTÉOROLOGIQUE
ET DE LA SOCIÉTÉ GAY-LUSSAC

LIMOGES

IMPRIMERIE ET LIBRAIRIE LIMOUSINE

Vve H. DUCOURTIEUX

Libraire de la Société archéologique et de la Société Gay-Lussac

7, RUE DES ARÈNES, 7

1890

Pl. 1

LIMOUSIN

CREUSE — CORRÈZE

HAUTE-VIENNE

LÉGENDE

Limite du Limousin.
» de département.
» d'arrondissement.
Chemin de fer.
Route nationale.
Chef-lieu de département.
» d'arrondissement.
» de canton.
» de commune.

ÉCHELLE

1:655.815

Courbes de niveau

100 mètre.
200 »
400 »
600 »
800 »
1,000 »
1,050 »

Pl. 1

ESSAI

SUR LA

CLIMATOLOGIE

DU LIMOUSIN

E territoire limousin, par sa position géographique et par la pente générale de son sol, appartient encore à la région naturelle que l'on appelle en France la région de l'Ouest océanien. Cependant une assez grande partie de son étendue, principalement dans les hauts plateaux, est déjà comprise dans la région centrale. Aussi son climat est-il en quelque sorte l'intermédiaire entre celui des contrées littorales et celui des contrées intérieures. Les deux régimes des vents du large et des courants continentaux se livrent un combat incessant sur ce coin de la terre de France, où ils viennent tour à tour expirer ou dominer. Il en résulte pour notre climat, au regard de celui des pays voisins, une marche moins régulière, des écarts plus brusques et plus profonds, et c'est cette variabilité même qui lui donne sa physionomie propre, en en faisant, nous devons l'avouer, un climat peu agréable et difficilement supporté des étrangers.

Il faut joindre à ces influences générales la part considérable qui revient à l'altitude et à la nature du sol et qui fait de nos hauts plateaux des régions froides et humides, arrosées de pluies nombreuses et abondantes.

1

Si l'on voulait suivre dans le détail d'une ou de plusieurs années les variations journalières des éléments météorologiques, on se ferait difficilement une idée des relations qui existent entre eux. Heureusement il est possible, sous leur mobilité incessante, de démêler certaines particularités assez constantes pour donner une physionomie caractéristique à la marche de la pression, de la température, des pluies, etc. C'est par le travail des moyennes que nous sommes arrivé aux résultats qu'on va lire.

Les années sur lesquelles nous avons pu opérer ne remontent pas bien haut et ne sont pas aussi nombreuses qu'il eût été désirable, les études météorologiques ayant été peu en faveur dans le passé. Une seule station limousine, celle d'Ahun, nous a fourni vingt-cinq bonnes années d'observations, comprises entre 1828 et 1857. Nous avons eu, au contraire, de 1877 à 1887, des séries complètes prises aux écoles normales de nos trois départements, et, pour la pluie seulement, nous avons disposé, dans la même période, de cent vingt postes au moins sur la région limousine et sur son pourtour.

Nous avons joint, dans la plupart des cas, aux observations de nos stations de Limoges, de Guéret et de Tulle, celles des stations voisines : Angoulême, Périgueux, Aurillac, Châteauroux, Clermont. Nous avons ainsi obtenu des points de comparaison intéressants. Enfin, à toutes ces stations, nous avons ajouté celle du Puy-de-Dôme. Elevé de 1,463 mètres au-dessus du niveau de la mer, plus haut de 600 mètres environ que nos derniers plateaux, l'Observatoire du Puy-de-Dôme, qui reçoit et note les grands courants atmosphériques sans déviation sensible, présente, par comparaison avec les stations plus basses, des relations toujours très importantes. Elles le deviennent encore plus vis-à-vis de nos trois stations limousines, qui forment avec le sommet du Puy un grand quadrilatère régulier, dont Limoges et lui occupent les deux sommets ouest et est, sous la même latitude, tandis que Guéret et Tulle sont semblablement situés au nord et au sud.

PRESSION BAROMÉTRIQUE.

La marche de la pression barométrique est des plus importantes pour la détermination du climat d'une station ou d'un pays.

Dans une même station, l'ensemble des éléments météorologiques est dans une dépendance étroite avec la marche du baromètre qui, par ses oscillations, indique le passage plus ou moins voisin des hautes ou des basses pressions.

A Ahun, pour les vingt-cinq années dont nous avons parlé

plus haut, la hauteur moyenne mensuelle du baromètre a été :

Janv. Févr. Mars Avril Mai Juin Juill. Août Sept. Oct. Nov. Déc.
722,1 723,2 722,9 721,4 722,8 725,3 726,2 725,5 724,6 724,0 722,8 724,4

La moyenne annuelle est 723^{mm},68. Avril est le mois où la pression moyenne est la plus basse ; juillet, celui où elle est la plus haute. La moyenne des maxima barométriques journaliers est égale à 735^{mm},21 ; celle des minima, à 701^{mm},06. Enfin, dans cette période de vingt-cinq années, la plus forte pression barométrique observée a été de 743^{mm},3, le 23 janvier 1849 ; la plus basse, de 692^{mm},0, le 7 janvier 1856, avec un écart total de 51^{mm},3.

Considérons maintenant les stations limousines et les stations voisines pendant une même période, 1878-1887 ; nous trouvons, pour les principaux mois : janvier, avril, juillet, octobre, et pour l'année, les pressions moyennes suivantes :

PRESSION BAROMÉTRIQUE MOYENNE

STATIONS	Altitude	Janvier	Avril	Juillet	Octobre	Année
	m	mm	mm	mm	mm	mm
Périgueux..........	87	757.2	750.3	755.2	754.9	754.7
Châteauroux........	152	749.7	744.4	749.1	747.8	747.5
Tulle..............	248	744.9	739.6	743.7	743.8	743.6
Limoges...........	257	741.4	735.7	740.4	740.2	740.4
Guéret............	453	723.8	718.5	723.6	722.0	722.4
Clermont..........	388	729.7	723.9	729.2	727.6	728.0
Aurillac..........	668	704.6	699.2	705.6	703.7	703.6
Puy-de-Dôme......	1467	637.3	633.8	641.6	637.5	637.8

Ces nombres, joints aux diagrammes de la planche III, permettent de se rendre compte de la marche annuelle du baromètre.

Mais toutes ces pressions ne sont évidemment pas comparables entre elles, par suite de l'altitude diverse des stations, dont les plus élevées supportent une hauteur d'atmosphère moindre que les plus basses. On peut, pour arriver à un parallèle plus saisissant, réduire les pressions de chaque station à ce qu'elles seraient si la station était au niveau de la mer (¹).

En opérant, eu égard aux températures, ces réductions barométriques, on obtient des nombres, qui, reportés sur une carte, permettent, en joignant les points d'égale pression, de tracer les courbes isobares et de voir d'un coup d'œil les points où la pression moyenne plus basse indique le passage plus fréquent des

---

(1) La réduction au niveau de la mer, pour les stations de Limoges, Tulle et Guéret, s'opère en ajoutant à la lecture brute du baromètre les nombres suivants, d'après la température :

	0°	10°	20°
Limoges	24^{mm}0	23^{mm}2	22^{mm}3
Tulle...	23^{mm}2	22^{mm}3	21^{mm}5
Guéret..	41^{mm}8	40^{mm}3	38^{mm}8

minima barométriques ou des bourrasques et tempêtes. C'est ce que nous avons fait (Pl. IV) pour les mois les plus caractéristiques de janvier et de juillet.

On voit que, dans l'un comme dans l'autre mois, notre région limousine est partagée en deux aires inégales, l'une de fortes pressions, dont le centre est près de Tulle, l'autre de pressions basses, dont le centre est vers Châteauroux. Les fortes pressions de Tulle s'allongent en bande étroite du SW au NE et se rattachent, en hiver, aux hautes pressions continentales qui descendent de la Sibérie par le centre de l'Europe, en été, aux hautes pressions océaniennes qui abordent l'Europe par le SW de la France.

Ce prolongement extrême des hautes pressions, cette bande étroite que l'on retrouve, quoique moins accentuée, dans les autres mois et dans l'année, est une des caractéristiques de notre climat. Cette répartition des pressions montre qu'il existe, sur notre territoire limousin, à l'état moyen permanent, une sorte de dorsale barométrique, à partir de laquelle, au NW vers la Manche et au SE vers la Méditerranée, les pressions vont en décroissant. Elle montre enfin qu'en général les bourrasques, qui abordent la France par l'ouest, passent au nord de notre région, qui ne les subit que par leur bord inférieur.

Mais si c'est là un état moyen, il faut reconnaître que notre Limousin n'en est pas moins quelquefois atteint par le travers et parcouru de l'ouest à l'est par de fortes dépressions ou bourrasques, véritables trombes qui peuvent causer de grands dégâts. La tempête du 20 février 1879, qui a traversé tout le centre de la France, en est un exemple assez frappant.

DIRECTION DU VENT.

Les résultats de la pression sont corroborés par la direction moyenne du vent, qui est pour les mois de janvier, avril, juillet, octobre et pour l'année :

DIRECTION MOYENNE DU VENT.

STATIONS	Janvier	Avril	Juillet	Octobre	Année
Périgueux.....	N ^{2}/$_8$ NE	W ^{1}/$_8$ SW	SW ^{1}/$_8$ W	S	W ^{1}/$_8$ SW
Châteauroux...	SSW	SW ^{1}/$_8$ S	SW	SW ^{1}/$_8$ S	SW ^{4}/$_8$ W
Tulle.........	N ^{1}/$_4$ NE	NNE	N ^{1}/$_4$ NW	N	N ^{2}/$_8$ NW
Limoges......	NW ^{1}/$_2$ W	NW	NW ^{3}/$_8$ W	W ^{1}/$_4$ NW	NW ^{1}/$_4$ N
Guéret.......	SW ^{3}/$_8$ S	SW ^{3}/$_8$ W	SW ^{1}/$_8$ W	SW ^{1}/$_8$ W	SW ^{1}/$_8$ W
Aurillac......	NNW	W	WNW	W ^{1}/$_4$ NW	W ^{1}/$_4$ NW
Puy-de-Dôme..	W ^{1}/$_4$ NW	W ^{3}/$_8$ SW	W ^{1}/$_8$ NW	W ^{4}/$_8$ SW	WSW

Sur les cartes d'isobares de la planche IV, nous avons reporté les directions moyennes du vent pour janvier et juillet. On voit que ces directions correspondent assez exactement à la loi générale, qui veut qu'autour des hautes pressions les vents tournent dans le même sens que les aiguilles d'une montre et en sens inverse autour des basses pressions. C'est pourquoi, alors que le sommet du Puy-de-Dôme donne une direction ouest, cette direction dévie vers le nord sur Tulle, centre de haute pression, et vers le sud sur Guéret et Châteauroux, aire de basse pression. Dans les autres mois et dans l'année les mêmes phénomènes se produisent, comme on peut s'en rendre compte par la direction des flèches sur les diagrammes (Pl. III) et par les roses annuelles des vents.

Nous pensons que cette déviation constante du vent moyen, vers le nord sur Tulle et vers le sud sur Guéret, provient du relief du sol. Un courant général de l'ouest, soufflant sur la région limousine, rencontre normalement à sa direction les hauts plateaux de Gentioux et de Millevaches; il se divise dans sa partie inférieure en deux vastes bras qui contournent le massif montagneux et qui donnent dès lors les déviations moyennes précédemment indiquées. Il y a dans ce phénomène une des causes, à notre sens, de la répartition des pressions sur notre territoire, le bras du nord tendant à amener une surpression sur Tulle, le bras du sud un affaissement sur Guéret. Une fois formés, ces centres locaux de hautes et de basses pressions se rattachent naturellement, ainsi que nous avons dit, aux grandes aires de hautes et de basses pressions qui existent à l'état permanent et suivant la saison, sur les Océans ou sur les continents.

Nous n'avons parlé jusqu'ici que du vent dominant; le tableau ci-dessous donne le nombre de fois que le vent a soufflé, dans l'année moyenne, des divers points de l'horizon. Ces nombres ont servi à construire les roses annuelles (Pl. IV).

ROSES ANNUELLES DU VENT.

Nombre de fois que le vent, sur 1000 observations, a été :

STATIONS	N	NE	E	SE	S	SW	W	NW
Périgueux.	110	120	92	90	83	220	157	124
Châteauroux.	146	133	84	60	133	280	101	52
Tulle.	300	88	103	63	112	95	132	100
Limoges.	175	117	56	44	46	160	240	160
Guéret.	61	82	56	97	72	420	124	89
Aurillac.	141	70	101	133	91	133	172	155
Puy-de-Dôme.	78	114	86	68	96	166	280	104
Ahun.	97	227	77	39	96	307	156	93

TEMPÉRATURE.

A Ahun, pour les vingt-cinq années précédemment dites, le thermomètre a donné les températures moyennes suivantes :

Janv.	Févr.	Mars	Avril	Mai	Juin	Juillet	Aout	Sept.	Oct.	Nov.	Déc.
2°,8	3°,6	5°,7	9°,5	13°,1	16°,7	18°,9	18°,1	14°,8	10°,8	5°,9	2°,6

La moyenne de l'année est égale à 10°,1. Le mois le plus froid est janvier, avec 2°,8 ; le plus chaud est juillet, avec 18°,9. La moyenne des maxima quotidiens a été 31°,64 ; celle des minima, — 12°,40. La température la plus haute, 34°,0, a été observée le 13 juillet 1846 et le 11 août 1856 ; la plus basse, — 20°,0, le 11 décembre 1844, l'écart total étant ainsi de 54°,0.

Bien qu'ainsi qu'on va voir la région d'Ahun soit plus froide qu'une grande partie du territoire limousin, cette température de —20° n'est pas la plus basse qui ait été signalée chez nous. Nos annales ont conservé le souvenir d'hivers très rigoureux, dans lesquels grand nombre de bestiaux et beaucoup d'arbres et d'arbustes périrent [1]. Celui de 1789 fut un des plus durs ; M. Juge Saint-Martin, qui nous en a laissé la relation, observa le 31 décembre une température de —19° au thermomètre Réaumur, ce qui donne — 23 ou — 24 degrés centigrades.

Pour comparer entre elles et avec celles des pays voisins les températures de notre région, nous avons calculé les moyennes de la période décennale 1878-1887. La planche III donne la marche annuelle de température dans six de ces stations. Le tableau ci-dessous donne les moyennes des mois principaux et de l'année :

TEMPÉRATURE MOYENNE.

STATIONS	Altitude	Janvier	Avril	Juillet	Octobre	Année
	m	°	°	°	°	°
Périgueux............	87	3.4	9.8	19.9	12.7	11.48
Châteauroux.........	152	2.2	9.6	19.5	11.8	10.78
Tulle..............	218	3.1	10.4	19.4	12.0	11.43
Limoges....'..... ...	257	2.2	9.1	18.6	10.7	10.45
Guéret.............	453	1.2	8.9	17.8	10.1	9.20
Clermont.....	388	0.8	9.4	19.1	9.7	9.87
Aurillac...........	668	1.7	7.9	17.6	10.4	9.47
Puy-de-Dôme........	1467	—2.4	1.0	11.1	3.4	3.44

Nous remarquerons qu'en supposant que Guéret et Ahun aient à peu près la même température, eu égard à leur rapprochement et à leur égale altitude, on trouve que la température des dix

[1] On a noté surtout comme rigoureux les hivers de 1305, de 1560, de 1600, de 1611, de 1684, de 1709, de 1729, de 1767, de 1789.

années 1877-87 est inférieure pour chaque mois et pour l'année entière à la température des vingt-cinq années 1825-1857. Nous avons relevé le même fait pour Paris ; l'on en doit déduire que nous subissons depuis douze à treize ans un abaissement sensible de température. La vérité est que pour de très longues périodes les moyennes restent à peu près les mêmes, tandis que des périodes plus courtes présentent alternativement des hauts et des bas, sans que pour cela les saisons soient bouleversées.

Le tableau précédent montre clairement que nos stations limousines ont une température inférieure à celle de lieux voisins placés sous la même latitude ou sous une latitude plus élevée. Ainsi, nous voyons Limoges et Guéret avoir une température annuelle inférieure à celle de Châteauroux ; celle de Guéret ($9°,20$) est même inférieure à celle ($9°,81$) de Paris pour la même période. Diverses causes concourent à cet abaissement du thermomètre : la nature du sol, son imperméabilité, la grande quantité d'eau qu'il reçoit, mais surtout son altitude.

Les couches de l'atmosphère sont, en effet, généralement superposées par températures décroissantes et le tableau ci-dessus nous a permis de calculer la loi moyenne de cette décroissance, en comparant successivement chaque station avec la plus élevée, celle du Puy-de-Dôme. C'est ainsi que nous avons trouvé qu'en janvier la température baisse en moyenne de $1°$ par 250 mètres de différence d'altitude et en juillet de $1°$ par 180 mètres. On admet en général des chiffres moins forts : $1°$ par 200 mètres en hiver et $1°$ par 160 mètres en été. Quoi qu'il en soit, cette loi de décroissance permet de trouver aisément, l'altitude d'une station étant connue, ce que serait sa température au niveau de la mer. Ce travail, fait pour les deux mois de janvier et de juillet, a donné des nombres qui, reportés sur les cartes (Pl. IV) ont permis de tracer les courbes d'égale température ou isothermes au niveau de la mer. On voit qu'en janvier, les froids des régions continentales descendent jusque sur notre région dont la température est inférieure à celle des océans. En juillet, au contraire, ce sont les terres qui sont plus chaudes et la courbure générale des isothermes est inverse. Enfin, on remarquera que, dans les deux cas, une inflexion semblable des isothermes montre un abaissement local de température vers Tulle, ce qui s'allie bien avec le phénomène précédemment constaté d'une surélévation de la pression sur le même point.

Il convient de signaler, avant de terminer, que cette décroissance de la température n'est qu'une relation moyenne, qui souffre exception dans les régions de montagne, et qu'il arrive fréquemment même que la loi est intervertie, c'est-à-dire qu'il règne sur les sommets une température supérieure à celle des

basses vallées. Ce phénomène, qui a été très nettement observé à maintes reprises entre l'observatoire de Clermont et celui du Puy-de-Dôme, se présente également à des altitudes inférieures, M. le Dr Vincent l'a signalé dans la Creuse, et il est certain que nos hauts plateaux jouissent souvent d'une température beaucoup plus douce que les points bas environnants.

HUMIDITÉ RELATIVE.

Il y a peu de chose à dire au sujet de l'humidité relative, dont la marche dans chaque station est presque l'inverse de la marche de la température. On s'en rendra aisément compte par les diagrammes de la planche III.

A Ahun, l'humidité relative moyenne pour vingt-cinq ans est :

Janv.	Févr.	Mars	Avril	Mai	Juin	Juillet	Aout	Sept.	Oct.	Nov.	Déc.
84,9	81,6	77,1	73,9	75,0	75,9	74.6	78,7	80,8	83,7	85,3	84,3

La moyenne de l'année est égale à 79,5.

Enfin, dans nos stations limousines et dans les stations avoisinantes, l'humidité relative moyenne des principaux mois et de l'année est la suivante :

HUMIDITÉ RELATIVE MOYENNE.

STATIONS	Altitude	Janvier	Avril	Juillet	Octobre	Année
	m					
Périgueux..............	87	87.2	78.4	76.9	83.9	80.5
Châteauroux.	152	92.0	80.4	72.9	82.0	80.8
Tulle.................	248	86.6	76.6	73.9	82.4	79.7
Limoges..............	237	87.8	78.3	73.6	82.2	80.2
Guéret...............	453	82.6	71.8	70.7	82.2	77.5
Clermont.............	388	80.8	66.9	66 9	77.1	72.3
Aurillac..............	668	74.8	71.8	66.5	78.8	73.0
Puy-de-Dôme..........	1467	85.0	90.6	82.2	90.1	86.8

JOURS DE NEIGE, DE GELÉE ET D'ORAGE.

Les jours de neige et de gelée sont dans une étroite dépendance avec la température. Les seconds se produisent lorsque le thermomètre descend au-dessous de zéro ; les premiers, lorsque l'eau précipitée s'est congelée par suite de la basse température de l'air et a atteint le sol en cet état.

Quant aux orages, ce sont la plupart du temps des phénomènes locaux, rattachés à un phénomène plus général, qui est la présence, sur le golfe de Gascogne et sur le sud-ouest de la France, d'une vaste aire de basses pressions peu accusées. Les trajectoires des orages montrent qu'ils se propagent dans cette aire du sud-ouest au nord-est, et, comme ce sont des phénomènes qui se passent au voisinage du sol, ils sont grandement influencés par son relief.

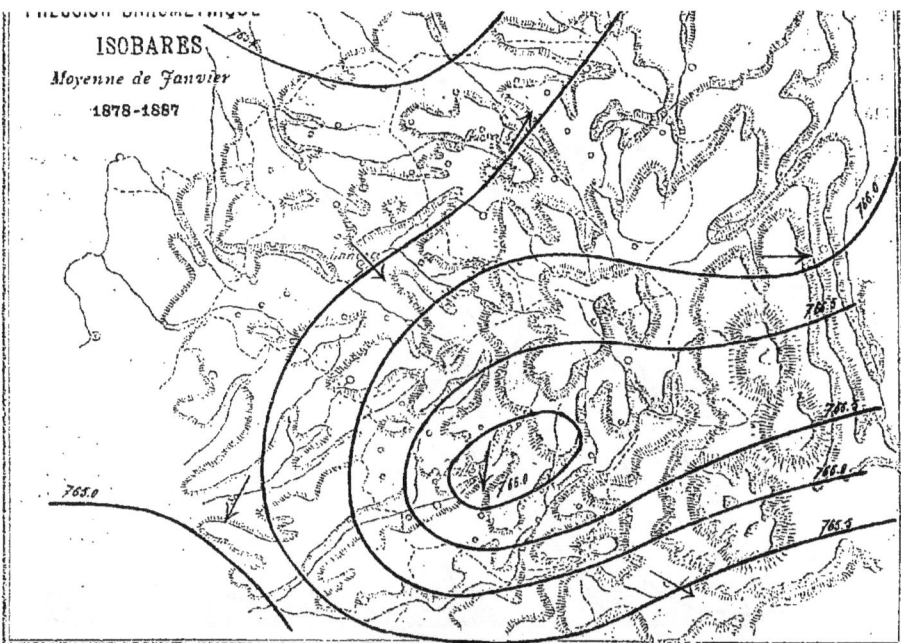

PRESSION BAROMÉTRIQUE
ISOBARES
Moyenne de Janvier
1878-1887

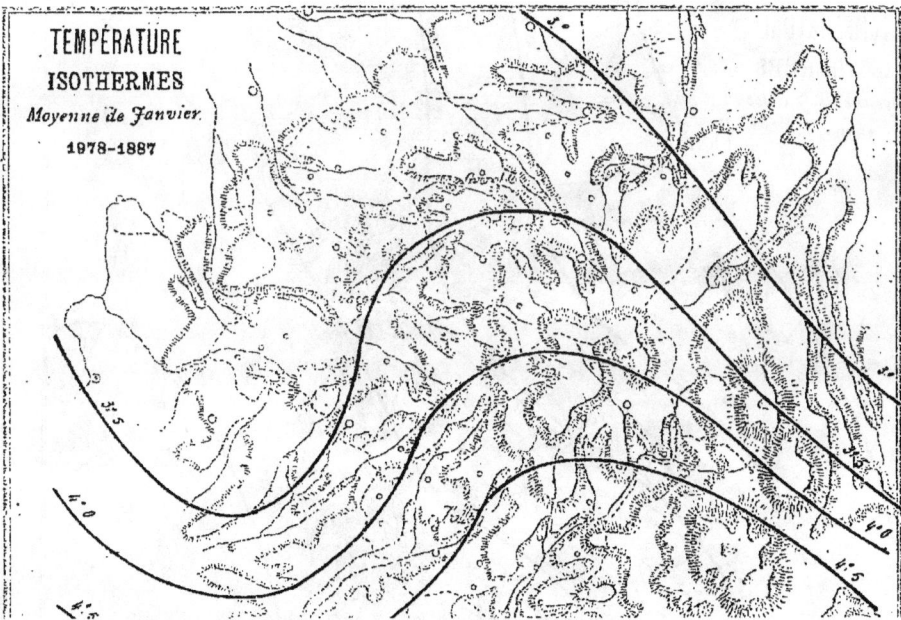

TEMPÉRATURE
ISOTHERMES
Moyenne de Janvier
1978-1887

Pl. IV

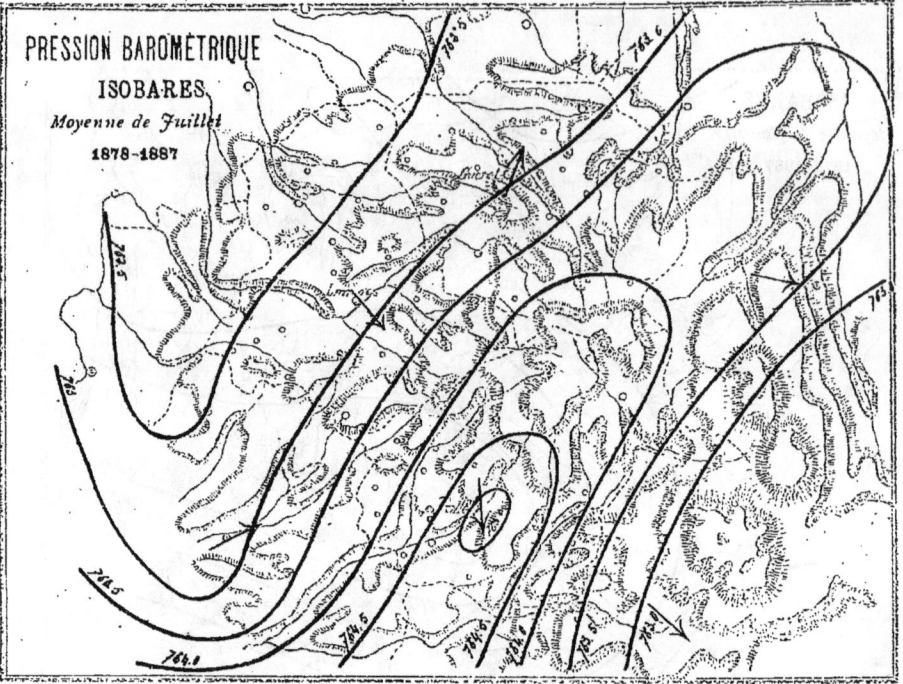

PRESSION BAROMÉTRIQUE
ISOBARES
Moyenne de Juillet
1878-1887

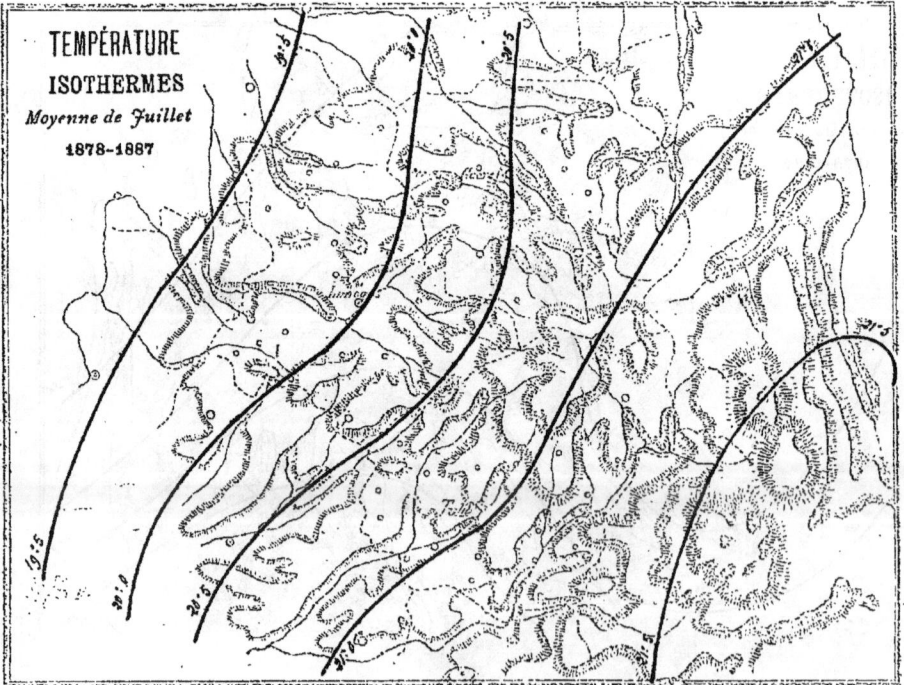

TEMPÉRATURE
ISOTHERMES
Moyenne de Juillet
1878-1887

Pl. V

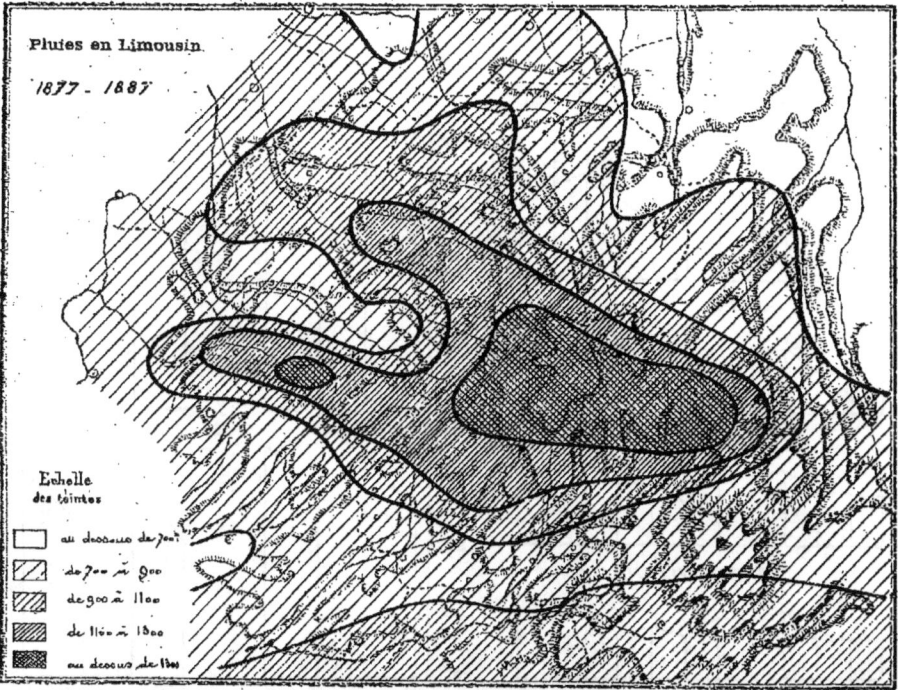

Pluies en Limousin.
1877 - 1887

Echelle
des teintes

- au dessous de 700
- de 700 à 900
- de 900 à 1100
- de 1100 à 1300
- au dessous de 1300

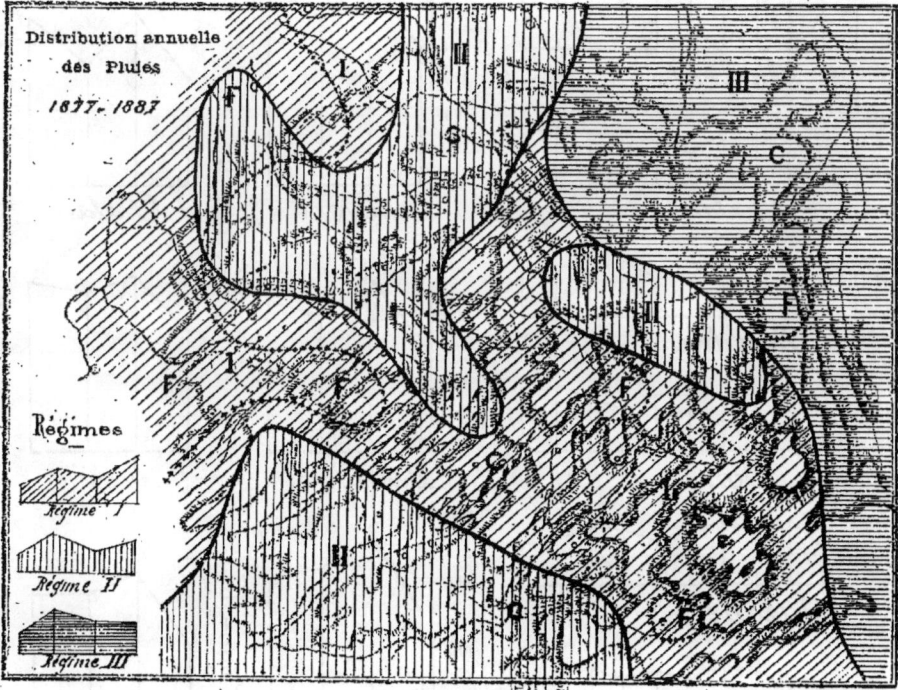

Distribution annuelle
des Pluies
1877 - 1887

Régimes

- Régime I
- Régime II
- Régime III

Répartition annuelle des pluies

Pl. V

Mois

Trimestres

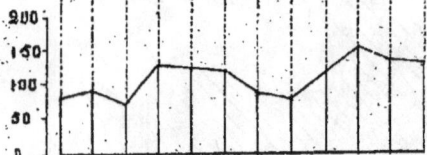

Bort

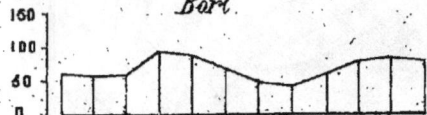

Chabanais

Eymoutiers

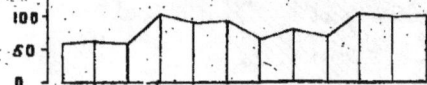

Pontarion

Bénevent

Chalais

Beaulieu

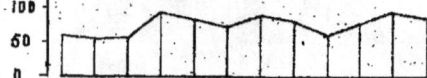

Dun

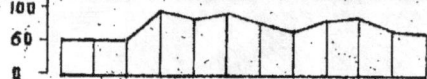

Auzances

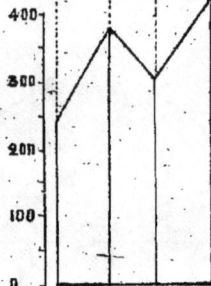

Bort

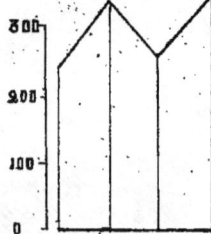

Eymoutiers

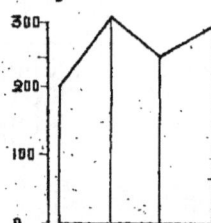

Bénevent

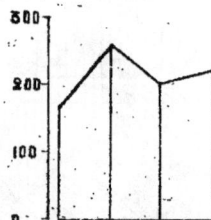

Beaulieu

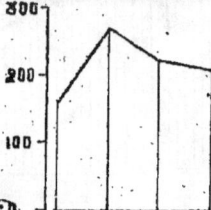

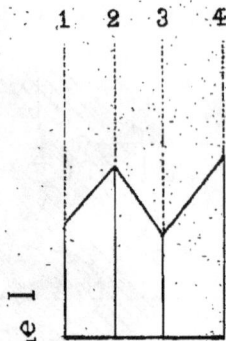

Chabanais

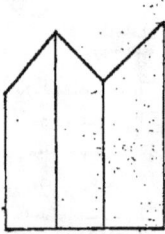

Pontarion

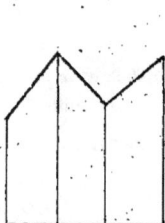

Chalais

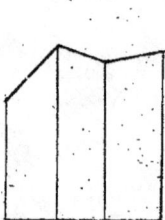

Dun

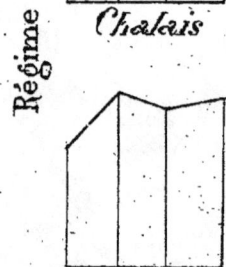

Régime I

Régime II

Régime III

C'est ainsi que les nuées orageuses qui abordent notre région par le sud-ouest s'engagent facilement dans les nombreuses vallées de même orientation qui forment les pentes sud des monts du Limousin (vallées de la Dordogne, de la Vézère, de l'Isle, de la Dronne, de la Tardoire, etc.). Ces courants se divisent à chaque intersection des montagnes et chacun des points de segmentation devient le théâtre de manifestations électriques. Les travaux de M. Hébert ont bien montré naguère cette influence de la direction des vallées et cette marche des orages à travers le Limousin.

JOURS DE NEIGE, DE GELÉE ET D'ORAGE (année)

STATIONS	Altitude	Jours de Neige	Jours de Gelée	Jours d'Orage
	m	j	j	j
Périgueux.....	87	2,4	75,0	11,5
Châteauroux...	152	9,2	66,5	12,0
Tulle..........	248	7,4	69,5	12,6
Limoges......	257	9,2	69,5	14,5
Guéret.	453	8,5	72,0	6,4
Clermont......	388	19,5	104,9	32,4
Aurillac.......	668	18,7	81,5	16,5
Puy-de-Dôme.	1.467	73,8	163,4	30,5

PLUIES.

L'abondance des pluies en Limousin est un des traits les plus saillants de son climat. C'est, à part quelques points des Cévennes, la région en France où il tombe la plus forte hauteur d'eau. On n'en sera pas surpris si l'on considère que les vents les plus chargés d'humidité sont ceux de l'ouest, entre le sud et le nord ; ces vents, soufflant de l'Océan, viennent jusqu'à nous à travers des plaines basses et sans rencontrer d'obstacles, mais à peine se sont-ils heurtés aux premières assises de nos plateaux, qu'ils sont obligés de s'élever, ce qui amène tout ensemble un travail de dilatation et un refroidissement de l'air, suivi immédiatement d'une condensation et, dans la plupart des cas, d'une précipitation aqueuse.

On comprendra, dès lors, que plus on s'avance vers nos plateaux élevés, plus la hauteur annuelle des pluies augmente. Les nombres du tableau très résumé suivant, et la carte tracée (Pl. V), avec les documents complets, fournis par plus de 120 postes, pour la période 1877-1888, donnent d'un coup d'œil la physionomie d'ensemble du phénomène. Nous y avons tracé des courbes isoombres, qui passent par les points d'égale précipitation. On voit une région centrale où la hauteur de pluie atteint 1,300 millimètres et plus. Elle correspond à peu près au plateau de Millevaches, élevé de 800 mètres en moyenne. Une pointe d'égale précipitation (1,300ᵐᵐ) se poursuit le long des monts du Limousin et nous la retrouvons près de Châlus et de Saint-Mathieu. A partir de cette première courbe la hauteur d'eau décroît dans tous les sens, et les courbes inférieures 1,100ᵐᵐ, 900ᵐᵐ, 700ᵐᵐ, s'étagent aux flancs de nos montagnes, au sud, à l'ouest et au nord. A l'est même, bien que le massif auvergnat conserve une altitude à peu près égale, la hauteur d'eau diminue brusquement, et la longue et étroite vallée de l'Allier présente un minimum très accentué qui pénètre, au nord, dans le territoire limousin, par les sources du Cher, vers Auzances et jusqu'à Ahun. Ce minimum de l'Allier, constaté sur toutes les cartes de pluie, tient sans doute à ce que l'abondante précipitation qui s'est produite sur les massifs occidentaux a déchargé la plus grande partie de l'humidité des vents du large.

LES PLUIES EN LIMOUSIN.

BASSINS	STATIONS	Altitude	1er TRIM.	2e TRIM.	3e TRIM.	4e TRIM.	Saison froide	Saison chaude	Année	JOURS de PLUIE
		m	mm	mm	mm	mm	mm	mm	mm	
Allier......	Pontgibaud...	673	114	247	212	188	302	459	761	142
—	Puy-de-Dôme.	1467	311	389	332	443	754	722	1477	250
Cher......	Montluçon.....	240	145	227	175	158	303	402	700	133
—	Auzances......	561	161	275	226	212	373	501	783	138
Indre......	Sainte-Sevère..	258	148	240	182	200	348	422	770	148
Creuse.....	St-Benoît-du-S	222	116	216	185	220	336	401	750	142
—	Bellac.......	230	179	281	193	269	448	473	921	100
—	Dun.........	360	180	260	239	259	439	499	944	162
—	Boussac... ...	400	168	248	211	184	368	459	827	153
—	Ahun........	450	97	220	192	184	291	412	703	132
—	Bénévent......	520	200	310	253	295	495	563	1060	173
Charente...	Montbron......	100	187	277	200	290	477	477	954	138
Vienne.....	Confolens.....	138	173	276	184	273	446	459	906	135
—	Chabanais.....	160	171	256	156	267	438	412	850	137
—	Limoges.....	243	189	306	216	295	484	522	1010	»
—	Saint-Léonard..	370	175	266	195	275	449	461	907	»
—	Eymoutiers....	452	210	346	256	352	592	602	1194	143
—	Pontarion.....	465	190	293	224	308	498	517	1015	143
Dordogne..	Brive.........	132	122	265	185	227	349	450	800	136
—	Beaulieu......	157	168	264	207	226	394	471	863	144
—	Argentat......	196	152	256	232	259	411	488	868	125
—	Tulle.........	226	244	346	346	343	589	640	1219	144
—	Bort.........	445	242	388	304	436	678	692	1370	150
—	Ussel........	635	262	353	298	417	679	651	1361	155
Isle........	Périgueux.....	89	132	226	151	205	337	377	721	137
—	Chalais..	135	155	252	177	245	399	430	829	150

JOURS DE PLUIE.

Quant au nombre de jours de pluie, on s'en fera une idée approximative par les chiffres de la dernière colonne du tableau précédent. Les vingt-cinq années d'observations d'Ahun ont donné le nombre moyen annuel de 90 jours, qui se répartissent ainsi :

Janv.	Févr.	Mars	Avril	Mai	Juin	Juill.	Août	Sept.	Oct.	Nov.	Déc.
7,7	6,7	6,8	9,8	10,2	7,8	6,3	6,2	7,9	8,6	8,3	5,0

A côté de cette connaissance de la répartition annuelle des pluies sur notre territoire, il est une autre notion plus importante peut-être : c'est celle de la répartition de la pluie, en chaque point, dans les diverses saisons et dans les divers mois de l'année. On arrive par là à déterminer des régimes nettement tranchés, dont l'étude est d'un grand intérêt dans les questions agricoles.

Un premier phénomène est celui de l'inégale répartition de la pluie pour nos stations limousines entre les deux saisons froide et chaude de l'année, la saison froide comprenant janvier, février, mars, octobre, novembre et décembre ; la saison chaude, les six autres mois. Si l'on sépare sur une carte les stations où les pluies de la saison chaude sont le plus abondantes de celle où elles le sont le moins, on arrive à déterminer deux grandes régions, dont la ligne de démarcation suit avec diverses sinuosités la limite occidentale du territoire limousin. A gauche, vers l'Océan, sont les pluies de la saison froide ; à droite, vers l'intérieur, les pluies de la saison chaude. On voit cette ligne de démarcation en gros pointillé (Pl. V). Un travail semblable au nôtre, poursuivi il y a quelques années pour une autre période, a donné un résultat analogue, sauf que la ligne de démarcation était plus avancée vers l'intérieur. Cela prouve qu'il y a là un phénomène général, qui se déplace plus ou moins vers l'est ou l'ouest, suivant les périodes. La raison du fait paraît d'ailleurs assez simple. En hiver, les terres sont plus froides que les océans ; les vents chauds et humides du large se refroidissent ainsi au contact des côtes et se déchargent d'une partie plus grande de leur humidité qu'en été, où, au contraire, les terres sont plus chaudes que les mers, et où, dès lors, les vents du large arrivent sans condensation jusqu'à nos plateaux.

Mais cela n'est vrai qu'à la condition que l'altitude de ces plateaux ne soit pas trop forte, car si l'air continue à s'élever, l'abondance de précipitation recommence, et c'est ainsi que dans la grande région des pluies de la saison chaude, quelques îlots (Ussel, Aurillac, Puy-de-Dôme), possèdent le régime du littoral.

Si nous pénétrons plus avant dans le détail et si nous examinons la répartition trimestrielle des pluies, nous observons dans notre

Limousin et sur son pourtour trois régimes qui ont des caractères communs et des caractères propres.

Dans le premier, l'hiver est la saison la moins pluvieuse; viennent ensuite l'été, le printemps et l'automne. C'est le Régime I de la planche V (hiver et été secs, automne très pluvieux).

Dans le second, l'hiver est encore le moins pluvieux, l'été vient ensuite, puis l'automne et le printemps (hiver et été secs, printemps très pluvieux). C'est le Régime II.

Dans le dernier — Régime III — (hiver et automne secs, printemps très pluvieux), l'hiver conserve sa sécheresse; il est suivi par l'automne, puis par l'été et par le printemps.

La planche V donne quelques exemples de ces divers régimes, avec la répartition mensuelle de la pluie, et l'on voit aisément comment on peut passer d'un régime au suivant par la simple et graduelle diminution de la hauteur d'eau de l'automne.

Ces régimes sont répartis, ainsi qu'on voit sur la figure, en trois bandes disposées de l'ouest à l'est, la plus occidentale étant du régime I et la plus orientale du régime III. La bande intermédiaire II est coupée vers son milieu par une aire transversale du régime I, qui la pénètre tout entière. On comprend dès lors ce que nous disions tout à l'heure que le régime I, qui est précisément celui des pluies d'hiver et qui occupe les régions vers le littoral, pénètre jusqu'à nos hauts plateaux et y ramène, en raison de l'altitude, un régime analogue, tandis que dans les parties moins élevées domine le régime II. Quant au régime III, qui est franchement celui des pluies de la saison chaude, il s'étend précisément dans la vallée de l'Allier et y produit, par la diminution considérable de l'eau en automne, cette faible précipitation dont nous avons parlé.

On voit ainsi que notre Limousin occupe, entre les deux régions bien tranchées des pluies de la saison froide et des pluies de la saison chaude, une région intermédiaire, dont les caractères sont moins nets et dont le régime plus variable nous ramène à ce que nous disions dans le principe du manque de fixité et de régularité de notre climat.

PHÉNOMÈNES DE LA VIE DES PLANTES ET DES ANIMAUX.

Avant de terminer cette étude, nous donnerons quelque idée de la marche en Limousin des phénomènes de la végétation et de la migration des oiseaux. Les époques de la feuillaison, de la floraison, de la moisson, les époques de l'arrivée et du départ des oiseaux de passage, sont des guides très précieux pour la détermination d'un climat et viennent fort utilement corroborer les indications des autres phénomènes.

Les observations faites en ces dernières années permettent de fixer assez exactement pour nos stations l'époque moyenne des phénomènes de la vie des plantes et des animaux. Le tableau suivant donne les principales époques de feuillaison, de floraison, de moisson et de migration; les dates qui y sont portées sont les moyennes des six années d'observation de 1881 à 1885.

PHÉNOMÈNES DE LA VIE DES PLANTES ET DES ANIMAUX

STATIONS	ALTITUDE	FEUILLAISON			
		LILAS	MARRONNIER	BOULEAU	CHÊNE
Périgueux.....	89	14 mars	1er avril	1er avril	17 avril
Angoulême....	100	15 mars	1er avril	2 avril	19 avril
Poitiers.......	120	19 mars	3 avril	5 avril	20 avril
Châteauroux...	152	21 mars	5 avril	6 avril	18 avril
Tulle.........	248	20 mars	7 avril	8 avril	22 avril
Limoges......	257	22 mars	8 avril	7 avril	22 avril
Clermont......	390	29 mars	15 avril	15 avril	26 avril
Guéret........	453	31 mars	16 avril	16 avril	30 avril
Aurillac.......	668	5 avril	24 avril	24 avril	9 mai

STATIONS	FLORAISON			MOISSON	
	LILAS	SUREAU	BLÉ D'HIVER	SEIGLE	BLÉ D'HIVER
Périgueux.....	7 avril	11 mai	23 mai	28 juin.	9 juillet
Angoulême....	9 avril	13 mai	31 mai	1er juillet	14 juillet
Poitiers.......	13 avril	22 mai	3 juin	8 juillet	18 juillet
Châteauroux...	15 avril	23 mai	31 mai	6 juillet	17 juillet
Tulle.........	13 avril	19 mai	30 mai	4 juillet	13 juillet
Limoges......	15 avril	23 mai	2 juin	9 juillet	18 juillet
Clermont.....	22 avril	29 mai	30 mai	11 juillet	19 juillet
Guéret........	25 avril	3 juin	9 juin	17 juillet	26 juillet
Aurillac.......	30 avril	5 juin	14 juin	18 juillet	26 juillet

STATIONS	1er CHANT du Coucou	HIRONDELLE		BÉCASSE	
		ARRIVÉE	DEPART	1er PASSAGE	2e PASSAGE
Périgueux.....	1er avril	1er avril	7 octob.	19 février	4 nov.
Angoulême....	3 avril	2 avril	6 octob.	19 février	2 nov.
Poitiers.......	3 avril	4 avril	4 octob.	21 février	3 nov.
Châteauroux..	3 avril	5 avril	2 octob.	19 février	31 octob.
Tulle.........	1er avril	6 avril	4 octob.	21 février	2 nov.
Limoges......	3 avril	6 avril	3 octob.	22 février	1er nov.
Clermont......	3 avril	9 avril	1er octob.	27 février	30 octob.
Guéret........	6 avril	10 avril	30 sept.	26 février	28 octob.
Aurillac	8 avril	14 avril	30 sept.	1er mars	28 octob.

On voit d'un coup d'œil que l'altitude a sur ces phénomènes une influence considérable. Les résultats d'ensemble de la France entière ont amené à reconnaître que, dans une même région, une différence d'altitude de 100 mètres produit un retard moyen de 4 jours dans les époques de la végétation. D'autre part, l'arrivée du coucou et de l'hirondelle retarde de 2 jours et leur départ avance de 1 jour, quand l'altitude augmente de 100 mètres.

Cette loi de décroissance moyenne permet de ramener ces époques à ce qu'elles seraient au niveau de la mer. En opérant ces réductions et en les reportant sur des cartes, ainsi que nous avons fait pour le baromètre et pour le thermomètre, on observe que la forme générale des courbes se rapproche beaucoup de celles d'égale température. C'est qu'en effet la végétation et la migration des oiseaux sont dans une étroite dépendance avec la marche du thermomètre, la feuillaison, la floraison, la moisson ne se produisant que lorsque les plantes ont reçu une certaine somme de températures, variables de l'une à l'autre, mais fixes pour chacune.

Nous retrouvons donc ici encore une fois, comme l'une des causes prédominantes de la physionomie propre du climat, le relief du sol limousin, dont nous avons déjà constaté l'influence sur la direction du vent, sur la pression barométrique, sur la température et sur la distribution des pluies.

Limoges, imp. Vᵉ H. Ducourtieux, rue des Arènes.

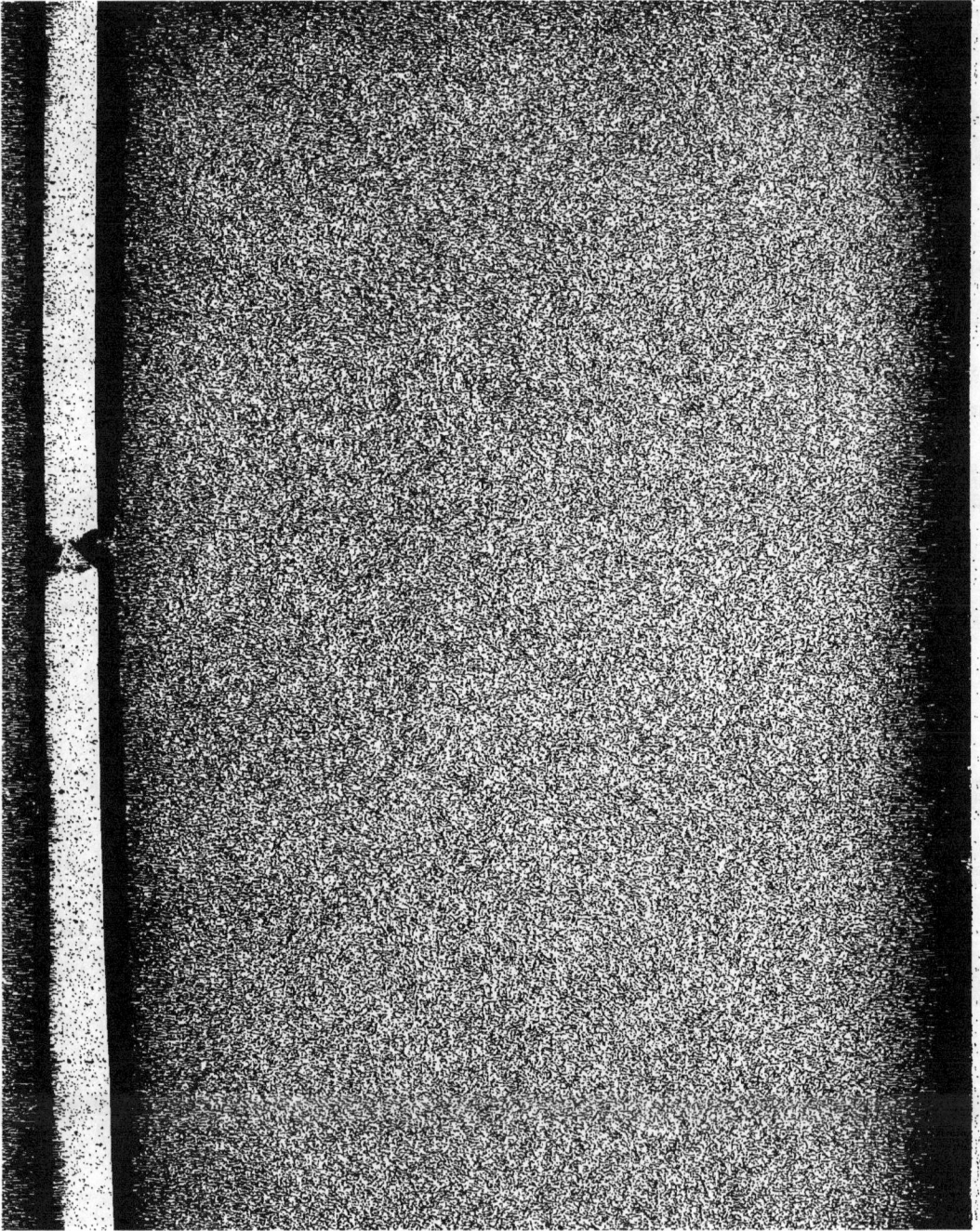